BEI GRIN MACHT SICH IHR WISSEN BEZAHLT

- Wir veröffentlichen Ihre Hausarbeit, Bachelor- und Masterarbeit

- Ihr eigenes eBook und Buch - weltweit in allen wichtigen Shops

- Verdienen Sie an jedem Verkauf

Jetzt bei www.GRIN.com hochladen und kostenlos publizieren

Benjamin Egerer, Sven Tassotto

Imagerekonstruktion konkreter Orte

Wahrnehmung und Bewertung der Stadt Jena als Hochschulstandort

GRIN Verlag

Impressum:

Copyright © 2006 GRIN Verlag GmbH
Druck und Bindung: Books on Demand GmbH, Norderstedt Germany
ISBN: 978-3-640-38281-1

Dieses Buch bei GRIN:

http://www.grin.com/de/e-book/130963/imagerekonstruktion-konkreter-orte

Benjamin Egerer   Sven Tassotto

Wahrnehmung und Bewertung der Stadt Jena als Hochschulstandort

-

Eine empirische Imageuntersuchung aus der Schicht von Lehrern der Freien Waldorfschule Jena

Geo 321 Sozialgeographie III: Image, Identität und Stadt

Das Image von Jena als Hochschulstandort

Friedrich-Schiller-Universität Jena

Chemisch-Geowissenschaftliche Fakultät

Institut für Geographie

WS 2006/07

1

Inhaltsverzeichnis

Abbildungsverzeichnis

1 Einführung

1.1 Imagekampagnen als marketingpolitisches Instrument

„Willkommen in der Denkfabrik", so lautet der Slogan einer Imagekampagne, die bereits seit 2001 zahlreiche Werbebotschaften – innerhalb und außerhalb Thüringens – schmückt. Ansatzpunkt dieser, durch die Thüringer Landesregierung initiierten, Kampagne bildete eine erkennbare Diskrepanz (nach eigenen Bekunden) zwischen dem Bild von Thüringen in der öffentlichen Wahrnehmung und den tatsächlichen Eigenschaften und Stärken des Freistaates als Wissenschafts- und Wirtschaftsstandort.

> *„Das Image Thüringens ist in Ost und West hauptsächlich geprägt durch Assoziationen wie "schöne Landschaften, herrliche Natur, reiche Geschichte und Kultur, große Musiker, Dichter und Denker und natürlich gutes Essen und Trinken". Dabei hat Thüringen noch mehr zu bieten. Mitten in Deutschland liegt eine Denkfabrik von der Größe eines Bundeslandes. Hier werden ständig neue Ideen und Gedanken geliefert und umgesetzt."*
> (http://www.denken-willkommen.de)

Vor dem Hintergrund anhaltender Standortkonkurrenzen ist Thüringen dabei kein Einzelfall. Imagekampagnen stellen in diesem Zusammenhang ein marketingpolitisches Werkzeug dar, was im Laufe der Zeit stetig an Attraktivität gewonnen hat. Auch auf städtischer Ebene ist eine wachsende Auseinandersetzung mit Rahmenbedingungen und Einflussfaktoren für die Imagebildung bzw. deren Veränderung zu erkennen. Häufig werden mit solchen Kampagnen Zielvorstellungen verbunden, das existierende Image zu verändern, um als Konsequenz die wirtschaftliche Situation einer Region zu verbessern. Auch im thüringischen Fall lässt sich die Motivation vermuten, ein durch das Zitat verdeutlichte touristisch geprägte Bild von Thüringen als das bekannte „grüne Herz Deutschlands" zu aktualisieren, um vorhandene wissenschaftliche und wirtschaftliche Stärken zu unterstreichen und ein Bild von Thüringen als Bundesland voller Ideen, Innovation und Wissenspotential zu vermitteln und aufrecht zu erhalten.

Eine zentrale Rolle zur Positionierung Thüringens als erfolgreichen Wissenschaftsstandort übernehmen in diesem Zusammenhang die Thüringer Bildungseinrichtungen. Laut dem statistischen Bundesamt studierten im Wintersemester 2005/06 insgesamt 1.986.106 Studenten an deutschen Hochschulen (Statistisches Bundesamt, Wiesbaden 2006)[1]. Die Anzahl von Studierenden an Thüringer Hochschulen betrug dabei 49.075. Im Vergleich dazu nahm Jena als Hochschulstandort eine dominierende Position ein. Von den insgesamt 49.075 Studierenden im Wintersemester 2005/06, studierten 24.731[2] Studenten in Jena. Anders: Über 50 Prozent aller Thüringer Studenten konzentrierten sich während dieses Zeitausschnittes am Hochschulstandort Jena. Damit gehört Jena bundesweit zu den Städten mit der höchsten Studentendichte. Angesichts dieser zahlenmäßigen Dominanz erscheint eine Auseinandersetzung mit dem Image des Studienstandortes Jena aufschlussreich.

Jedoch ist für eine erfolgreiche Imageplanung (Soll-Zustand) die Kenntnis über das **existierende Bild** (Ist-Zustand) in der öffentlichen Wahrnehmung eine Grundvoraussetzung. An dieser Stelle findet unsere Untersuchung ihren Anknüpfungspunkt.

Unser konkretes Forschungsinteresse konzentriert sich auf die Frage, in welcher Art der Hochschulstandort Jena unter den Personen einer bestimmten Zielgruppe wahrgenommen wird und mit welchen subjektiven Bedeutungen und Bewertungen dieses Bild behaftet ist. Ob die Personen unserer Zielgruppe ein Bild von Jena als „Stadt der Wissenschaft" wahrnehmen, wird im Folgenden noch genauer zu klären sein. Das Hauptziel dieser Studie ist, ein Bild von Jena zu rekonstruieren, dass den Äußerungen und den subjektiven Vorstellungen der untersuchten Personen gerecht wird.

1.2 Aufbau der Arbeit: Theorie – Empirie – Ergebnisse

Die Untersuchung subjektiv wahrgenommener Räume bildet bereits seit Jahrzehnten den traditionellen Forschungsgegenstand der klassischen Wahrnehmungsgeographie. Folglich finden auch in dieser Studie ausgewählte theoretische Grundlagen der Wahrnehmungsgeographie Verwendung. Zusätzlich dienen Imagetheorien einiger Autoren als Orientierungsrahmen für

---

[1] Grundlage der Datenrecherche bildeten die Online-Datenbanken des Statistischen Bundesamtes Wiesbaden und des Thüringer Landesamtes für Statistik. http://www.statistik-portal.de/Statistik-Portal/de_jb04_jahrtab50.asp

[2] http://www.statistik-portal.de/Statistik-Portal/de_jb04_jahrtab50.asp

die Erarbeitung einer, in dieser Studie verwendeten, Arbeitsdefinition von Image. Durch den teilweise explorativen Charakter unserer Untersuchung orientiert sich der empirische Teil der Arbeit an den Grundgedanken qualitativer Sozialforschung. Denn rein quantitative Methoden, die gesellschaftliche Phänomene untersuchen, indem sie messen, testen und auf Basis statistischer Repräsentativität überprüfen, ohne zuvor den Gegenstand verstanden, dessen Qualität und die Angemessenheit der methodischen Verfahren erfasst zu haben, erscheint uns für eine Imageuntersuchung unangebracht (Mayring 1993, S.1).

Eine Kombination aus qualitativen Erhebungs- und Auswertungsmethoden bildet somit die empirische Basis unserer Untersuchung. Bevor wir also in den konkreten forschungspraktischen Teil dieser Arbeit einsteigen, werden wir einen kursorischen Überblick über die konzeptionellen Grundlagen, Entwicklungen und Kritikpunkte wahrnehmungsgeographischer Ansätze darstellen.

2 Theoretische Grundlagen

2.1 Forschungsstand der Wahrnehmungsgeographie: Leistungen und Grenzen

Seit den Anfängen der klassischen Wahrnehmungsgeographie bestanden starke Verbindungen zwischen geographischen und psychologischen Wahrnehmungskonzepten. Die konzeptionellen Grundlagen des Behaviorismus und der kognitiven Verhaltenstheorie werden wir im Folgenden kurz erläutern, weil sie sich teils „entschärft", jedoch deutlich in Sichtweisen der klassischen Wahrnehmungsgeographie reproduzierten (Scheiner 2000, S.50).

Der Behaviorismus ist eine psychologische Forschungsrichtung, die von John. B Watson – in Anlehnung an den Sozialdarwinismus – zu Beginn des 20. Jahrhunderts entwickelt wurde. Dieser orientierte sich an naturwissenschaftlichen Methoden, d.h. „...*anhand von direkten Beobachtungen unter experimentellen Bedingungen* [sollten] *allgemeine Gesetzmäßigkeiten des Verhaltens...*" aufgedeckt werden (Werlen 2000, S.271). Die Hauptthesen besagen einerseits, dass die Umwelt für das Verhalten von Individuen von großer Bedeutung ist und andererseits, dass sich verschiedene Individuen unter gleichen Umständen zu jedem Zeitpunkt gleich verhalten. In dem Modell der kognitiven Verhaltenstheorie werden verschiedene Aspekte wie z.B. Bedürfnisse und Motivation als Auslöser des Verhaltens betrachtet. Dabei wird Handlung als eine Reaktion gesehen, die dazu dient, Spannungen zwischen den verschiedenen Aspekten abzubauen. Die Ursachen für die Aspekte liegen aber in äußeren Faktoren, sprich in der Umwelt. Besonders herausgearbeitet wird diese Erklärung in psychologischen Motivationstheorien, mit ihren verschiedenen Zwischenschritten wie Aufforderung, Motivierung, Ausführung und Selbstbewertung.

Wie schon oben erwähnt ist die Untersuchung des Mensch – Umweltverhältnisses sowohl für psychologische als auch geographische Wahrnehmungsforschung charakteristisch. Diesem Gegenstand schließt sich die Frage nach der Beziehung von objektivem Raum und subjektiven Verhalten an. Der Wahrnehmungsprozess nimmt in dieser Konstellation eine vermittelnde Position zwischen Informationssender (Umwelt) und Informationsempfänger (Mensch) ein. Als Resultat einer Verarbeitungsleistung kann nicht der objektiv gegebene, sondern der subjektiv wahrgenommene Raum als Erklärungsfaktor für menschliches Verhalten angesehen werden (Scheiner 2000, S.47). Wobei psychologische Studien über Wahrnehmungsprozesse sich eher auf die kognitive Struktur von räumlichen Wissen (Kenntnisse) konzentrierten und die Geographie sich dagegen stärker darauf bezog, wie konkrete Räume (Orte) wahrgenommen werden und welche Bewertungen und Bedeutungen mit einem bestimmten Ort in Verbindung stehen (ebd. S. 49). An dieser Stelle wird eine Verwandtschaft zu den konkreten Forschungsinteressen unserer Studie sichtbar.

Ausgangspunkt klassischer wahrnehmungsgeographischer Auffassung bildete der objektive Raum, *„die reale Welt"*[3], die mittels sensorischer Prozesse zu einem subjektiven Abbild der Wirklichkeit transformiert wird. Unterschiedliche Erklärungsansätze sprachen in diesem Zusammenhang den sensorischen Wahrnehmungsprozessen des Menschen selektive Wirkung zu. Begründet wurde diese Filterfunktion damit, dass der Mensch in seinem Alltag unzähligen Reizen ausgesetzt ist und die Verarbeitungsfähigkeit ohne ein Auswahlkriterium sehr schnell an seine Grenzen geraten würde. Die Zusammensetzung des Filters besteht aus Persönlichkeitsvariablen wie „...*Motivation, Bedürfnisse, Einstellungen und Werte*[n]...", die die Wahrnehmung steuern. Das Ergebnis dieser schematischen Vereinfachung ist „...*dann ein Vorstellungsbild des Individuums von der Realität, ein Image, eine „Mental Map", eine mentale Repräsentation...*", welche das Verhalten des Menschen in irgendeiner Form leitet (Tzschaschel 1986, S. 24; Werlen 2000, S. 281). In den klassischen Konzepten der Wahrnehmungsgeographie bestand Einigkeit darüber, dass eine Ambivalenz zwischen objektiv und subjektiv wahrgenommenem Raum besteht und dass die Raumwahrnehmung interindividuell variiert. Psychologische und geographische Wahrnehmungskonzepte der Vergangenheit waren jedoch

---

[3] *„The real world* is taken as the starting point" (Downs 1970, S. 84, Herv. im Original, zit. n. Scheiner 2000, S. 48).

von einem mehr oder weniger stark ausgeprägten Determinismus geprägt. Die Basisannahmen der Umweltpsychologie bestanden z.B. darin, dass ein bestimmter Raum ein Gefühl auslöst und dass das menschliche Verhalten von diesem Gefühl geleitet wird. Diese Vereinfachung fand auch in den Anfängen der Wahrnehmungsgeographie breite Verwendung. So dominierte auch in der Geographie ein vom Behaviorismus geprägtes, mechanistisches Menschenbild[4]. Gemäß dem Stimulus-Response-Modell wurde die Wahrnehmung als Response auf den Umweltreiz angesehen und das Verhalten als Response auf die Wahrnehmung. Der Mensch trat somit als passiver Rezipient in den Hintergrund. Alle kognitiven Prozesse wurden mangels Nachvollziehbarkeit und Beweisbarkeit in der sog. „Black Box" ausgeblendet (Scheiner 2000, S. 53).

2.2 Konzeptionelle Schwächen der klassischen Wahrnehmungsgeographie

Die angedeutete Problematik des „Raumdeterminismus" in den Anfängen der Wahrnehmungsgeographie lassen sich auf einige zentrale Kritikpunkte zusammenfassen, die wir im Folgenden kurz darstellen werden:

- Die theoretische Trennung von objektivem und subjektivem Raum, die exemplarisch in dem Wahrnehmungsschema von Downs (1970) deutlich wird, führte zu einer Überbetonung eines Abhängigkeitsverhältnisses des Menschen vom physischen Raum.

- Der wahrgenommene Raum wird als Fehler, als Abweichung vom objektiven Raum definiert.

- Wahrnehmung wird als ein dem Handeln „vorgeschalteter" Filter definiert, welcher durch das Kriterium der Selektivität eher ein beschränkenden (constraints) als ermöglichenden Einfluss auf das Handeln hat.

- Empirische Untersuchungen (psychologische wie auch geographische) konzentrierten sich hauptsächlich auf die Messung und Rekonstruktion von räumlichem Wissen, subjektive Aspekte wie Raumbewertungen und Präferenzen blieben weitgehend unbeachtet.

Vor diesem Hintergrund der Unhaltbarkeit des Umweltdeterminismus (verhaltenssteuernde Wirkung der physischen Umwelt) entwickelte sich die sog. Berkley-Schule der Landschaftsforschung, die in den 1920er Jahren von Carl Sauer begründet wurde. Hauptaussage dieser

---

[4] „Das behavioristische Reiz-Reaktions-Schema beherrschte die Geographie des behavioral approach unangefochten" (Scheiner 2000, S. 57).

Entwicklung war, dass die „…*Kultur die bestimmende Kraft für die menschliche Transformation der Natur…*" sei (Werlen 2000, S. 278). Zwei wesentliche Erweiterungen dieser Konzeption bestanden darin, dass zum einen - so forderte John K. Wright - alle Arten geographischer Erkenntnisse in den Ansatz mit einfließen müssten. Und zum anderen erkannte William Kirk „…*dass Individuen die Umwelt immer durch einen <<Filter>> hindurch wahrnehmen, der von sozialen Tatsachen und kulturellen Werten gebildet wird.* "" (ebd. S. 279). Zusammenfassend lässt sich festhalten, dass die Möglichkeiten der Erkenntnisgewinnung durch die dargestellten Methoden und Konzepte, der traditionellen Wahrnehmungsgeographie sich für die Erforschung und Darstellung von räumlichen Kenntnissen eignet. Entsprechend unserer verfolgten Forschungsfragen (vgl. 4.2.2) ist es wichtig den klassischen Wahrnehmungsansatz auf Grund der dargestellten Schwächen mit neueren Konzepten zu kombinieren.

2.3 Neuere Ansätze der Wahrnehmungsgeographie

Die passive Rolle des Menschen in dem oben beschriebenen Mensch-Umwelt-Verhältnis war jedoch Gegenstand zahlreicher Kritiken. Durch die „kognitive Wende" veränderte sich dieses Verständnis in dem Sinne, dass zwischen Mensch und Umwelt eine Wechselwirkung besteht und dass der Mensch als aktiv und zielgerichtet handelnder Akteur und Gestalter seiner Umwelt aufgefasst wurde. Wahrnehmung wurde folglich nicht weiter als bloßes aufnehmen und einprägen von sensorischen Reizen in mentalen Bildern aufgefasst sondern trat mehr in den Bereich des Handelns. Die Abwendung vom Behaviorismus fand auch in der Wahrnehmungsgeographie durch die Betonung subjektiver Bewusstseinsleistungen des wahrnehmenden Individuums ihren Niederschlag. Wissenschaftstheoretisch führte diese Entwicklung zu einer Annäherung von physikalisch-ökologischen an handlungszentrierte Sichtweisen. Auf der einen Seite stellte die Entwicklung einer verhaltensorientierten Humangeographie eine Kritik an der mechanistischen und deterministischen Denktradition des „spatial approach" dar, aber auf der anderen Seite führten einige konzeptionelle Schwächen zu einer impliziten Weiterführung der kritisierten Überbetonung physisch materieller Einflussfaktoren auf menschliche Wahrnehmungs- und Verhaltensweisen.

Auch in der konkreten forschungspraktischen Umsetzung zeigten sich Diskrepanzen auf. So äußerte sich diese Spaltung in der Geographie zum einem durch die Handhabung mit den theoretisch betonten subjektiven Daten (Einstellungen, Bewertungen), die in empirischen Studien häufig keine Beachtung fanden bzw. als „Restgrößen" oder „statistische Störgrößen" abgetan wurden (Scheiner 2000, S. 55). Genau diese subjektiven Daten werden wir jedoch in unserer Imageuntersuchung besonders beachten.

2.4 Begriffsdefinitionen: Kategorisierung und Operationalisierung

Ziel dieses Kapitels ist es, den theoretischen Rahmen unserer Arbeit zu spezifizieren und zentrale Begriffe zu definieren, um sie in ein Kategorienschema einzuordnen. Ausgangspunkt unserer Betrachtung bildet ein theoretisches Gedankenkonstrukt, was sich grob durch drei Schlüsselbegriffe kategorisieren lässt: Image, Identität und Stadt. Durch dieses „Dreiergeflecht" wird deutlich, dass wir den Begriff des Images auf einer räumlich – lokalen Maßstabsebene betrachten und analysieren werden.

Der erste Schritt der Forschungsarbeit besteht in einer Erarbeitung eines Kategoriensystems, durch das das komplexe Konstrukt (Image von Jena) in einzelne, strukturelle Einheiten zerteilt wird. Anschließend ist die Ermittlung von Beziehungsverhältnisse möglich. Elemente unseres Kategorienschemas sind zum einen das **Imageobjekt**, einzelne relevante **Akteure** und deren aus Wahrnehmung resultierenden, gedanklichen Repräsentation über das Objekt (**Image**).

Das Zentrum unseres Kategoriensystems bildet somit die Stadt Jena, die sich noch weiter in studienbezogene und ortsbezogene Attribute differenzieren lässt (vgl. Abb. 1):

Studienbezogene Attribute umfassen z. B.:	Ortsbezogene Attribute umfassen z. B.:
- Qualität der Lehre	- Infrastruktur
- Ruf der Uni	- natürliche Umgebung
- Studienbedingungen	- geographische Lage
- Fächerangebot	- Verkehrsanbindung
- Studentenwerk	- Kosten
- technische Ausstattung	- bauliche Situation
- Hochschulsport	- soziale Situation

Abbildung 1- Auswahl studien- und ortsbezogener Faktoren Jenas (eigene Darstellung)

Im Rahmen unserer Untersuchung ist eine vollständige Imageanalyse von Jena jedoch nicht zu leisten. Vielmehr erfolgt eine gruppenspezifische Untersuchung. Wie schon erläutert, besteht die Kategorie ‚Akteure' aus einer Vielzahl unterschiedlicher Personen. Der nächste Schritt besteht nun darin, aus dieser Gesamtheit, die für ein Image als Universitätsstadt relevanten Personen zu ermitteln und diese in Personengruppen zu kategorisieren. Als Ergebnis sind folgende drei Hauptpersonengruppen zu nennen, die sich noch in weitere Subkategorien untergliedern lassen:

- Lehrende innerhalb und außerhalb der Friedrich-Schiller-Universität   (Gruppe A)
- Studierende innerhalb und außerhalb der Friedrich-Schiller-Universität   (Gruppe B)
- Lehrer, Schüler und Eltern unterschiedlicher Schultypen   (Gruppe C)

Unser Forschungsprojekt konzentriert sich auf die Gruppe der Lehrer, wobei wir uns zur weiteren Differenzierung auf die Zielgruppe der Waldorfschullehrerinnen spezialisierten.

Unser Forschungsinteresse zielt jedoch nicht auf die besonderen Eigenschaften der Lehrform Waldorfpädagogik aus zwei Gründen: Einerseits würde die Vermutung eines Zusammenhangs zwischen Pädagogikform und Image einen Vergleich implizieren, den wir in unserer Studie nicht ausreichend gerecht werden können und zum Zweiten entdeckten wir auf der Seite unserer Zielgruppe eine gewisse erhöhte Aufmerksamkeit und Skepsis gegenüber Studien über die Waldorfpädagogik. Das äußerte sich vor allem in der Vorgabe der Schulleitung einer schriftlichen Stellungnahme unsererseits über den Hintergrund, das Forschungsinteresse und die Forschungsfragen der Studie[5].

2.5   Image zur (Un-) Möglichkeit einer Definition

Der Begriff des Images erfährt seit den Anfängen der 50er Jahre eine stetig wachsende Zuwendung im öffentlichen wie auch wissenschaftlichen Diskurs. Aufgrund der Vielfalt von Kontexten und Forschungsbereichen fällt es auch einen aufmerksamen Betrachter nicht leicht, zu erfahren, was genau sich hinter dem Terminus verbirgt. So bezeichnet Rühl das Image als einen *„multidiziplinären Omnibusbegriff"* (Rühl 1993, S. 55), dessen Gegenstand zahlreiche Untersuchungen in den Sozial- und Verhaltenswissenschaften, Wirtschaftswissenschaften, der Geographie und auch interdisziplinären Forschungsbereichen der letzten Jahre waren (Stegmann 1997, S.1).

Angesichts der oben beschriebenen intensiven wissenschaftlichen Auseinandersetzung mit Imagefragen lässt sich vermuten, es herrsche Einigkeit über das Begriffs- und Bedeutungsver-

---

[5] Wir erfuhren später, dass die Schulleitung mehrfach schlechte Erfahrungen mit wissenschaftlichen Studien in der Vergangenheit machte.

ständnis, so dass wir unsere konkreten Fragestellungen in einen vorhandenen theoretischen Rahmen einbetten können. Da dem nicht so ist und um einem analytischen Durcheinander vorzubeugen, beginnen wir diesen Abschnitt damit, unsere zentralen Begriffe zu definieren, deren konzeptuellen Grundlagen genauer zu erläutern, um zuletzt eine Arbeitsdefinition von ‚Image' herauszuarbeiten.

2.6 Zur Begriffsdefinition von Image

Der lexikalische Ursprung des Begriffes Image liegt einerseits im lateinischen *imago* und zum Anderen im englischen *image*. Wobei sich ersteres mit *Bild*, *Abbild* oder *Eindruck* übersetzen lässt, liefert die Übersetzung des englischen Begriffes ein ähnliches Resultat. Die Liste von möglichen Bedeutungen ist lang und schwer auf einen Punkt zu bringen. Eines wird dadurch deutlich: Eine genaue Definition des Begriffes ist im Rahmen unserer Theorie wichtig und unvermeidbar. Sie wird jedoch durch eine lexikalische Ambiguität, aber vor allem durch mangelnde und z. T. unterschiedliche, theoretische Konzeptionalisierungen in verschiedenen Fachbereichen, erschwert. Man kann in der Literatur zur Imageforschung zwei Entwicklungen erkennen. Auf der einen Seite stehen Autoren, welche bestrebt sind, den Imagebegriff von synonym verwendeten Begriffen wie Einstellungen, Stereotypen oder Vorurteilen abzugrenzen (ebd. S.17). Eine andere Tendenz besteht jedoch darin, weniger den Begriff abzugrenzen, sondern die Mehrdimensionalität anzuerkennen und ihn als eine Art Sammelbezeichnung anzusehen. *„Der Begriff Image wird dann als eher variabler Terminus begriffen, der je nach vorliegendem individuellen Ausprägungsgrad des Images verschiedene Bedeutungen annehmen kann."* (ebd.). Volker Trommsdorff sieht darin jedoch ein Problem. Folglich kritisiert er begriffsanalytische Imagedefinitionen anderer Autoren, weil die Gefahr einer Verwechslung und Vermischung von Aussagen über die Merkmale von Image als Konstrukt und den Aussagen über das untersuchte Objekt (in unserem Fall Jena) groß ist (Trommsdorff 1975, S. 20). Auch die Tendenz, den Imagebegriff durch wertende und beschreibende Kriterien von verwandten Begriffen abzugrenzen, kann zu einer Idealisierung führen. *„Diese wertenden Aussagen wie >>Images sind legitim<< haben ideologischen Charakter..."* und *„....sind zur Kennzeichnung des Konstruktes >>Image<< nicht erforderlich."* (ebd. S.23).
In der Geographie begann das Interesse für die Untersuchung von Images mit der revolutionären Arbeit des Stadtplaners Kevin Lynch „The Image of the City" (1960).

Er führte empirische Studien in nordamerikanischen Städten durch, wobei seinem Interesse hauptsächlich die visuelle Qualität einer Stadt galt. Ziel der Untersuchungen war es, materielle Elemente einer Stadt zu entdecken, die es den Bewohnern erlauben und erleichtern, die Stadt zu erkennen und für sich durch „*mental image*[s]" zu strukturieren. Lynch entwickelte dabei fünf Strukturelemente, welche die Lesbarkeit einer Stadt ausmachen und somit die Orientierung erleichtern (Scheiner 2000, S.57; Tzschaschel 1986, S.39). Die Ergebnisse Lynchs lieferten Stadtplanern und Architekten ein theoretisches und methodisches Instrumentarium, um die Vorstellungen der Bewohner zu erfassen, zu vergleichen und die Ergebnisse in Stadtplanungsprozesse einzubeziehen.

Das Imageverständnis von Lynch unterscheidet sich jedoch von jüngeren geographischen Imagedefinitionen in dem Sinne, dass neben materiellen auch immaterielle Elemente für eine Imagebildung von Bedeutung sein können. So versteht man im Allgemeinen unter einem Image in der Geographie, „...*das einer Person, einer Sache oder einem Raum zugeordnete Vorstellungsbild, das sich aus der Summe aller Urteile und Vorurteile über das Objekt ergibt. Das Image muss nicht mit den tatsächlichen Verhältnissen übereinstimmen. In der Sozialgeographie findet das Image eines Raumes, einer Stadt usw. Beachtung, da es Ursache differenzierten raumwirksamen Handelns...sein kann.*" (Diercke 2001, S.340).
Und auch in unserer Studie liegt das Hauptinteresse nicht auf den materiellen Eigenschaften der Stadt, sondern auch auf den immateriellen, welche für die Entwicklung eines subjektiven Images von Bedeutung sein können.

Bezeichnend für geographische Auseinandersetzungen ist die Beziehung zwischen objektiv und subjektiv wahrgenommenen Raum. Zwischen Umwelt und Individuum tritt sozusagen der Prozess der Wahrnehmung. Somit ist „...*das Resultat des komplexen Wahrnehmungsprozesses...die Formierung eines Images im Individuum, das durch seine gesellschaftliche Prägung auch gruppenspezifische Übereinstimmung zeigt.*" (Tzschaschel 1986, S.30; vgl. dazu auch Scheiner 2000, Fußnote 59, S.48).
Dieses Zitat verdeutlicht eine wesentliche Forschungsfrage unserer Untersuchung[6]. Aufgrund der Zusammenstellung unserer Zielgruppe, die in zentralen Eigenschaften eine hohe Homogenität aufweisen (Berufsstand, Wohnort, Arbeitsort etc.), liegt die Vermutung einer gruppen-

---

[6] vgl. Punkt 4.2.2

spezifischen Übereinstimmung nahe. Inwieweit sich jedoch tatsächlich Parallelen oder Unterscheide abzeichnen, wird die Interpretation der Daten zeigen.

2.7 Geographische Bedeutungsdimensionen des Images

In der Raumwissenschaft lassen sich weitere drei Bedeutungsdimensionen kategorisieren:

- Einerseits wird mit Image die kognitive Raumpräsentation gemeint, welche eine räumliche Grundlage für Entscheidungen des Einzelnen bildet. Bestimmt werden dabei Entscheidungen wie z.B. Wahl von Reise- oder Ausflugszielen, bei denen die mentale Raumpräsentation, also die eigentliche Raumkenntnis im Vordergrund steht.
- Eine andere Bedeutung versteht Image als *„...das bewertete Vorstellungsbild..., das durch das gesamte Spektrum subjektiver Maßstäbe und ihrer Einflussfaktoren zustande kommt...“* (Tzschaschel 1986, S.31).
- Als drittes steht das Image für eine Art Raumeinschätzung. Abgeleitet daraus wird z.B. welche Regionen oder Orte gemieden oder bevorzugt werden, anhand pauschalisierender Einschätzungen bzw. Klischeevorstellungen.

Der einleitend konstatierte Zusammenhang zwischen individueller Wahrnehmung und Vorstellungsbild wird zum Beispiel bei den Autoren Becker und Keim (1987) deutlich. Sie dimensionalisieren das Image mit Konzepten, die *„...quasi identisch mit dem Konzept der sozialen Wahrnehmung sind.“* (ebd. S.31), d.h. Informationsaufnahme, Orientierung, Symbolisierung und Identifizierung.

Allen verschiedenen Imagekonzepten kann man eine Verhaltensrelevanz des Images unterstellen, das aufgrund subjektiver Wahrnehmung von der Realität abweichen kann. Diese Abweichungen können dann in verschiedenen Verhaltensvariationen der Individuen resultieren und sichtbar werden.

2.8 Raumbezogene Images: Eine Arbeitsdefinition

Stegmann klassifiziert existierende Imagedefinitionen anderer Autoren in zwei unterschiedliche Gruppen. Die eine kennzeichnet eine gewisse „Innengerichtetheit“ und die andere eine „Außengerichtetheit“ des verwendeten Vokabulars.

Diese Trennung geht einerseits auf die Unterscheidung zwischen Imagesendern, Imageempfängern und Imageträgern (Objekt) zurück und andererseits auf die Funktion (Zweck) von

Images. Folglich „...*muß zwischen... zweckgerichteten Vorstellungsbildern, die als Marketing-Instrument eingesetzt werden und...den subjektiven Wissensstrukturen im Vorstellungsbild eines Individuums differenziert werden.*" (Stegmann 2000, S.17)[7]. Das im Rahmen unserer Studie verwendete Verständnis von Image greift die oben erläuterte Unterscheidung „innen vs. außen" auf. Wir unterscheiden zwischen Meinungen, Vorstellungen und Stimmungen auf der einen Seite und zwischen Wissensbeständen auf der anderen Seite, auch wenn zwischen allen vielfache Wechselbeziehungen existieren. Das liegt vor allem darin, dass wir nicht interessiert sind, was genau der Befragte über Jena weiß und wie gut das mit der „Realität" übereinstimmt, um aus diesen Daten ein Aggregat zusammen zusetzen, was man dann als „Das Image von Jena" bezeichnen kann. Vielmehr interessiert uns das „subjektive Image", das Bild was sich der Befragte von Jena macht. Vor diesem theoretischen Hintergrund definieren wir Image als:

> Gesamtheit aller studien- und ortsbezogenen Attribute, die der (Universitäts-) Stadt Jena von der befragten Person zugeschrieben werden. Diese setzen sich zum einen aus bloßen Wissensbeständen, aber auch aus impliziten Vorstellungen, Einstellungen und Bewertungen zusammen.

Aus den Ergebnissen der theoretischen Grundlagen lassen sich für unsere Untersuchung folgende forschungsleitenden Thesen formulieren:

- Angesichts der hohen Studentenzahlen, ist Jena ein attraktiver Hochschulstandort!
- Die wahrgenommenen Eigenschaften der Stadt müssen nicht mit den tatsächlichen Eigenschaften übereinstimmen!
- Die wahrgenommen Eigenschaften der Stadt sind für das Verhalten der Bewohner von zentraler Bedeutung!
- Das Image der Stadt setzt sich aus Einstellungen und Bewertungen einzelner imagerelevanten Faktoren zusammen!
- Es existieren unter den drei Hauptpersonengruppen (vgl. Punkt 2.4) unterschiedliche Vorstellungsbilder!
- Innerhalb unserer relativ homogenen Zielgruppe lassen sich jedoch Gemeinsamkeiten vermuten!
- Lehrer besitzen aufgrund ihres beruflichen Hintergrundes detaillierte Vorstellungen über Studienbedingungen!

---

[7] Auch Weichart, Weiske und Werlen kontrastieren in ihrem Buch „Place Identity und Images" zwischen einem „Normalfall" und einen „professionalisierten Fall", wobei letzterer sich auf das künstliche „Gestalten" von Images durch sog. Consulting-Firmen bezieht (Weichart Et al. 2006, S. 98).

3 Empirische Grundlagen

3.1 Datenerhebung: das Problemzentrierte Interview

Bei dem Versuch, das Vorstellungsbild vom Hochschulstandort Jena aus der Perspektive unserer Zielgruppe zu rekonstruieren, geht es allgemeiner formuliert um die Erfassung und Darstellung von Ausschnitten der sozialen Wirklichkeit vor dem Hintergrund subjektiver Wahrnehmungsprozesse. Als methodisches Instrument zur Datenerhebung bietet sich in diesem Zusammenhang das Problemzentrierte Interview (PZI) an (Witzel 2000). Die Konzeption unseres Interviews besteht aus einem Leitfaden (vgl. Punkt 3.2), einer Tonbandaufzeichnung und einem nachfolgendem Postskriptum (Witzel 2000, Abs. 8,9 u.10)[8].

Wobei sich diese Form der qualitativen Datenerhebung in unserem Fall besonders eignet, weil hierbei die Darstellung der „subjektiven Problemsicht" im Vordergrund steht. Das PZI zeichnet sich durch einen Kompromiss zwischen Offenheit und Theoriegeleitetheit aus. Die Offenheit wird dadurch gewährleistet, dass dem Befragten keine vorab formulierten Antwortmöglichkeiten vorgegeben werden, sondern die Möglichkeit gegeben ist, sich frei und ungezwungen zu den Fragen zu äußern. Es wird somit ein Möglichkeitsraum geschaffen für die Darstellung eigener Meinungen und Deutungen unserer befragten Personen. Das Interview erhält jedoch durch einen theoretischen Fragenkatalog eine Strukturierung. Dieser dient dem Interviewer dazu, die Antwortmöglichkeiten auf einen für den Untersuchungsgegenstand relevanten Bereich einzugrenzen.

Der Gesprächsleitfaden beinhaltet die theoretischen Eckpfeiler dessen, was der Interviewer gewillt ist mit seiner Befragung herauszubekommen. Wichtig jedoch ist, dass der Leitfaden nicht als ein unumgängliches Element angesehen wird, dessen Struktur konsequent eingehalten werden muss. Vielmehr dient er zur gedanklichen Unterstützung, um im dynamischen Gesprächsverlauf keine wichtigen Themenbereiche zu übersehen. Ein weiterer Vorteil liegt in einer Vereinfachung der Datenauswertung. Der Leitfaden bildet sozusagen den theoretischen

---

[8] Auf einem Kurzfragebogen am Anfang des Interviews haben wir bewusst verzichtet. Die Vorteile für dieses Element des PZI sieht Witzel in einer Gesprächseröffnung und Entlastung. Gegenstand eines solchen Fragebogens sind jedoch meist soziodemographische Daten, die sich relativ schnell und monoton abfragen lassen. Hierbei kann es passieren, dass sich dieses Frage-Antwort-Schema auf das gesamte Interview ausdehnt, welches sich hinderlich auf unsere Intention eines offenen Gesprächs auswirken könnte.

Rahmen der Untersuchung und erhöht die Vergleichbarkeit der ausgewerteten Ergebnisse. Er beinhaltet Konzepte, Annahmen und vage Hypothesen, die durch ausgewählte Fragen mit der sozialen Wirklichkeit konfrontiert, modifiziert und gegebenenfalls validiert werden (Reuber/Pfaffenbach 2005, S.131).

Gesprächsbegleitend dient ein digitales Tonbandgerät zur Aufzeichnung des Gesprächsinhaltes. Zum einen wird somit der Interviewer unterstützt, sich vollständig auf das Gespräch zu konzentrieren, um eine möglichst natürliche Gesprächssituation zu gewähren. Aber auch die Datenauswertung wird im Vergleich zu Gedächtnisprotokollen präziser und authentischer, weil dadurch auch die Position des Interviewers im Gesprächsverlauf deutlich wird. Im Anschluss an das eigentliche Interview werden kurze Memos angefertigt (sog. Postskripte), in denen wichtige situationsbedingte Beobachtungen und Anmerkungen über Mimiken, Gestiken und sonstige Besonderheiten festgehalten werden. Außerdem erfolgen schon einige erste Ideen und Überlegungen, die die Datenauswertung leiten können.

3.1.1 Zur Möglichkeit einer unvoreingenommenen Betrachtung

Die besondere Herausforderung unseres Forschungsprojektes besteht darin, eigene implizite Erfahrungen und Urteile über unseren Untersuchungsgegenstand Jena auszublenden. Das soll dazu dienen, die Gefahr zu vermindern eigene Konzepte und analytische Schlüsse dem Material „aufzuzwingen". Vielmehr liegt unsere Zielsetzung darin, die Eigenständigkeit unserer Gesprächspartner[9] anzuerkennen und mit Hilfe gezielter Einstiegsfragen einen möglichst breiten Antwortraum zu schaffen, in dem die Meinungen und Vorstellungen der Lehrer platz finden. Liegt doch unser Anliegen darin, durch Befragung ein möglichst unverfälschtes und unbeeinflusstes Bild über den Hochschulstandort Jena aus Sicht des Befragten zu erhalten. In diesem Zusammenhang stellt sich jedoch die Frage in welchem Maße eine solche proklamierte Offenheit überhaupt möglich ist. Denn handelt man als Alltagsmensch und auch als Forscher nicht immer mit einer gewissen Voreingenommenheit?
Zur Verdeutlichung dieser Problematik dienen zwei Zitate des französischen Künstlers Paul Cézanne:

---

[9] vgl. die von Mayring geforderte Betonung der Subjektbezogenheit der Forschung (Mayring 1993, S.9ff)

> *„Die Natur – ich wollte sie kopieren. Es gelang mir nicht. Aber ich war mit mir zufrieden, als ich entdeckte, daß sich zum Beispiel die Sonne nicht einfach wiedergeben ließ, daß man sie vielmehr durch etwas anderes zum Ausdruck bringen musste... durch Farbe."*
> *„Wie schwer ist es doch, unbefangen an die Wiedergabe der Natur zu gehen ... man sollte sehen können wie ein Neugeborener." (zit. n. Hildenbrand 1998, S.13)*

Paul Cézanne spricht hier zwei Merkmale an, in denen sich wissenschaftliche und künstlerische Arbeit ähneln. Der unvoreingenommene Blick und die Wirklichkeitsgestaltung. Wissenschaftliche Erkenntnis entsteht immer aus einer bestimmten Perspektive heraus und so wird auch unser Erkenntnisinteresse geleitet von stillen Vorannahmen. Eine absolute Offenheit ist folglich kaum erreichbar. Wird man sich jedoch seiner eigenen Perspektivität und auch die der „Beforschten" bewusst, indem man Vorannahmen explizit macht und Basisannahmen formuliert. So beugt man tautologischen Schlüssen vor und erreicht ein höheres Maß an Offenheit. Diese Erkenntnis wird auch dadurch deutlich, dass man die untersuchten Personen nicht als Probanden auffasst, durch deren aggregierte Aussage vorab formulierte Thesen getestet werden. *„Es geht...nicht um ein Menschenbild, das der „Wahrheit" näher kommt, sondern vielmehr darum, eine Form der Wissenschaft zu entwickeln, die ohne Wahrheit auskommt und stattdessen auf der Basis von Konsensbildung operiert (Sedlacek 1989a:14f) ... Deshalb gilt in der Sozialgeographie das Primat der Sinnrationalität, das an die Stelle des Kausalitätsprinzips tritt, und „an die Stelle der Ursache-Wirkungs-Relation tritt die Grind-Folge-Relation. Ein Handeln ist dann verstanden, wenn die Gründe dazu rekonstruiert sind"* *(ebd.:203), und zwar von Standpunkt des Handelnden aus."* (Scheiner 2000, S.88). Es findet somit eine Annäherung an einem am Alltagshandeln orientiertes Verständnis von Wahrnehmung statt, *„...in der Art einer offenen Spurensuche, die nicht versucht, widersprüchliche Ergebnisse „wegzuinterpretieren", sondern „je nach Kontext und Sinnebene als unterschiedliche Wirklichkeiten aufzufassen"* (ebd. S.70).

Eine Maßnahme zur Steigerung der Offenheit wird in unserer Studie folglich durch eine empirische Erhebung aus der „Akteursperspektive" heraus erreicht. Liegen doch die Prinzipien des PZI laut Witzel genau in *„...eine[r] möglichst unvoreingenommen Erfassung individueller Handlungen sowie subjektiver Wahrnehmungen und Verarbeitungsweisen gesellschaftlicher Realität."* (Witzel 2000, Absatz 1). Zusammenfassend wollen wir festhalten, *„...dass vorurteilsfreie Forschung nie ganz möglich ist..."* (Mayring 1993, S.13) und dass unser Ziel einer möglichst unbeeinflussten Erfassung und Wiedergabe subjektiver Vorstellungen und Meinungen sich somit nicht uneingeschränkt realisieren lässt. Jedoch sollte verdeutlicht werden, dass durch die Grundpositionen des Erhebungsverfahrens (PZI) in Kombination mit explizit formulierten Basisannahmen, ein möglichst hohes Niveau an Offenheit angestrebt wurde.

3.2 Der Gesprächsleitfaden

Wie schon erläutert, werden durch die Verwendung eines offenen, halbstrukturierten, qualitativen Interviewverfahrens die subjektiven Meinungen und Einstellungen seitens unserer Zielgruppe zum Jenaer Image erfragt (vgl. Mayring 1996, S.45).

Inhaltlich basiert der Leitfaden auf dem entwickelten Katalog der forschungsleitenden Fragen dieser Arbeit (vgl. Punkt 2.8). Zum Einstieg in das Gespräch wurde eine erzählungsgenerierende Eröffnungsfrage[10] - zum Thema 450 Jahrfeier der Universität - formuliert, um dann später spezifischer auf studien- und stadtbezogene Imagefaktoren einzugehen. Wichtig hierbei ist noch zu erwähnen, dass unsere Forschungsfragen durch den Leitfaden in einfache und verständliche Fragen „übersetzt" wurden. Die Themenfelder, die durch den Leitfaden abgedeckt werden sollten sind z.B. Studienfreundlichkeit, Familienfreundlichkeit, wirtschaftliche und wissenschaftliche Kooperation, Infrastruktur und Umwelt (vgl. Anhang S.6)

4 <u>Auswertung der qualitativen Interviews</u>

4.1 Qualitative Inhaltsanalyse nach Mayring

Die Inhaltsanalyse als Wissenschaftliche Technik wurde am Anfang des 20. Jahrhunderts in den USA entwickelt. Ihre primäre Aufgabe war es die neu aufkommenden Massenmedien und deren Einfluss auf die Gesellschaft zu untersuchen. Als Technik war sie in ihren Anfängen zumeist quantitativ geprägt, entwickelte sich jedoch schon bald zu einer auch qualitativ bestimmten Methode. Den Begriff der Inhaltsanalyse dabei einheitlich zu definieren, unterliegt gewissen Schwierigkeiten. Das erste Problem liegt in dem Sachverhalt, dass nicht nur der Inhalt der zu untersuchenden Kommunikation für die Forschung relevant ist, sondern auch die

---

[10] Durch diese Frage erfolgte eine Zentrierung des Gesprächs auf das zu untersuchende Problem. Den InterviewpartnerInnen wurde damit verdeutlicht, dass es um die Verbindung Stadt und Universität geht. Jedoch sollte die Frage einen möglichst großen Antwortraum schaffen, den der Befragte mit „...*eigenen Worten und mit den ihm eigenen Gestaltungsmitteln füllen kann.*" (Witzel 2000, Abs. 14).

formalen Aspekte und die dahinter stehende latente Sinnstruktur des Materials. Und zweitens spiegeln Definitionen „*...die Interessen oder das jeweilige Arbeitsgebiet des Autors...*" (Mayring 2003, S.11) wieder und sind dadurch zu speziell an einen Kontext gebunden[11]. Mayring verzichtet daher auf eine allgemeine Definition seiner Methode und nennt verschiedene Charakteristika als Ersatz, die wir nun näher vorstellen werden.

In der Qualitativen Inhaltsanalyse wird der Fokus der Analyse auf die Kommunikation, sprich auf die Übertragung von Symbolen und Informationen gelegt. Damit ist zwangsläufig nicht nur die Sprache selber gemeint, sondern auch z.B. Musik oder Bilder. Wichtig hierbei ist zu betonen, dass die Kommunikation in irgendeiner Form festgehalten sein muss. Denn „*...der Gegenstand der Analyse ist somit* [die] *fixierte Kommunikation.*" (ebd. S.12).

Die QI grenzt sich von anderen qualitativen Forschungsmethoden durch ihre strenge systematische Vorgehensweise ab. Das äußert sich einerseits darin, dass die Analyse nach bestimmten vorher festgelegten Regeln ablaufen soll, mit dem Ziel, „*...dass auch andere die Analyse verstehen, nachvollziehen und überprüfen können...*" (ebd.). Andererseits wird die Systematisierung durch ihr theoriegeleitetes Vorgehen betont. Das bedeutet, dass das Material unter den Gesichtspunkten einer theoretisch erarbeiteten Fragestellung analysiert und „*...die Ergebnisse...vom jeweiligen Theoriehintergrund her interpretiert* [werden]" (ebd.). Die Qualitative Inhaltsanalyse will durch ihre Ergebnisse aber auch Rückschlüsse auf den Kommunikationsprozess ziehen. So z.B. welche bestimmten Motive der Kommunikation zu Grunde lagen und wie diese aufgenommen und verarbeitet wurden.

4.2 Arbeitsschritte der Qualitativen Inhaltsanalyse

In den nächsten Abschnitten werden wir die verschiedenen Arbeitsschritte der Qualitativen Inhaltsanalyse vorstellen und auf unsere Forschungsarbeit anwenden.

Beginnen werden wir mit dem Schritt der Bestimmung des Ausgangsmaterials, danach werden wir überleiten zu der Entwicklung einer Fragstellung unter dem die eigentliche Analyse ablaufen soll. Des Weiteren gehen wir auf die Erstellung unseres Ablaufmodells der Analyse näher ein, unsere Kategoriebildung sowie auf die inhaltlich strukturierte Interpretation der Daten.

---

[11] Hierbei erkennt man auch die in 3.1.1 angesprochene Problematik des Vorverständnisses.

4.2.1 Bestimmung des Ausgangsmaterials

Dies ist ein notwendiger Schritt in der Qualitativen Inhaltsanalyse, da sie mit bereits fertigem Material arbeitet. Die Daten werden untersucht, *„...um zu entscheiden, was überhaupt aus dem Material herausinterpretierbar ist.“* (Mayring 2003, S.46). In der Regel werden dazu folgende drei Arbeitsschritte angewandt:

1. Festlegung des Materials, d.h. die Bestimmung des Ausgangsmaterials für die Analyse
2. Beschreibung der Entstehungssituation des Materials, d.h. klären, wer an der Entstehung des Materials beteiligt war, welche Personen die Zielgruppe bildeten und welche weiteren Kontextinformationen von Bedeutung waren.
3. Beschreibung der formalen Eigenschaften des Materials, d.h. in welcher Form (Beobachtungsprotokolle, Memos, Interviewtranskripte etc.) die Daten vorliegen

Für unser Forschungsprojekt ergeben sich daraus folgende Informationen:
Der Analyse zugrunde liegen drei Interviews, die wir im Anschluss an eine Lehrerkonferenz im Chemiekabinett der Freien Waldorfschule Jena durchführten. Die Teilnahme verlief auf freiwilliger Basis, jedoch signalisierte die Mehrheit der Lehrer eine gewisse Zurückhaltung. Letztlich erklärten sich zwei Lehrer für ein Gruppeninterview und ein weiterer für ein Einzelinterview bereit. Vor der eigentlichen Befragung wurden die Interviewpartnerinnen auf das Aufnahmegerät hingewiesen und die Anonymität den befragten Personen zugesichert. Anschließend wurde gemeinsam eine Einverständniserklärung zum Interview gelesen und unterschrieben.[12] Alle drei Personen lebten entweder schon länger in Jena, wuchsen dort auf oder studierten hier. Bei der Interviewform handelte es sich um ein Problemzentriertes Interview, das den Befragten die Möglichkeit gab, offen und ohne Einschränkungen zu antworten. Die Interviews wurden hauptsächlich von B. Egerer durchgeführt, S. Tassotto erstellte während des Gespräches ein Postskript und stellte spezielle Nachfragen sobald sich Unklarheiten bzw. interessante Äußerungen ergaben. Das Material, was letztendlich zur Analyse genutzt wurde, besteht aus den Transkriptionen und den Postskripten der durchgeführten Interviews (vgl. Anhang, S.5ff).

---

[12] Erstellt nach Helfferich 2005, S. 182

4.2.2 Fragestellung der Analyse

Nach der Bestimmung des Ausgangsmaterials liegt nun ein weiterer wichtiger Schritt in der Differenzierung der Analysearbeit durch die Entwicklung einer theoretisch, differenzierten Fragestellung. Diese sollte an den bisherigen Forschungsstand anknüpfen und durch weitere Unterfragestellungen spezifiziert werden, denn „...*ohne die Bestimmung der Richtung der Analyse ist keine Inhaltsanalyse denkbar.*" (Mayring 2003, S.50).

Die Untersuchung möchte einen Beitrag leisten, den Begriff des Images aus einer sozialgeographischen Perspektive zu betrachten, um die Funktion von Images für eine Stadt zu ermitteln. Dazu dienen die Vorstellungen und Äußerungen unserer Gesprächpartner, mit denen wir versuchen werden, einen Ausschnitt aus „dem Image" von Jena zu rekonstruieren.

Vor dem theoretischen Hintergrund und aus den erkenntnisleitenden Thesen dieser Arbeit lassen sich folgende Forschungsfragen ableiten:

- Wird Jena als attraktiver Hochschulstandort wahrgenommen? Was sind die Stärken und was Schwächen?
- Haben Lehrer konkrete Vorstellungen über Studienbedingungen in Jena und wie werden diese bewertet?
- Welche Rolle spielt die Universität für die Stadt?
- Wie wird die bauliche Situation der Stadt eingeschätzt, welche Assoziationen sind damit verbunden?
- Wird Jena als familienfreundliche Stadt beschrieben? Welche Stärken und Schwächen werden formuliert?
- Wie wird die Kooperation von Wissenschaft und Wirtschaft eingeschätzt, was resultiert daraus für die wirtschaftliche Situation der Region?
- Wird mit Jena die Vorstellung eines Leuchtturmes assoziiert?
- Wie nehmen die Befragten die Verkehrssituation in Jena wahr? Welche Konsequenzen hat diese auf alltägliche Handlungen?
- Welche Stärken und Schwächen werden über das Freizeit- und Kulturangebot geäußert?
- Wo liegen Parallelen und wo Unterschiede in den Wahrnehmungen unserer Zielgruppe? Wie lassen sich diese erklären?

Zur Beantwortung dieser Fragen und zur Rekonstruktion eines Imageausschnittes dienen uns ausschließlich die auf Band aufgezeichneten und transkribierten Aussagen unserer Gesprächspartner.

4.2.3 Ablaufplan der Analyse

Im weiteren Verlauf des Forschungsprozesses werden die folgenden Analyseschritte festgelegt. Zu diesen zählen neben den Grundformen des Interpretierens - die Mayring in Zusammenfassung, Explikation und Strukturierung differenziert (vgl. Punkt 4.4) – auch die unterschiedlichen Ansätze der Kategorienbildung. Des Weiteren muss ein Ablaufmodell der Analyse aufgestellt werden. Wobei es in der Qualitativen Sozialforschung wichtig ist, dass das Modell dem Material angepasst wird und nicht umgekehrt.

Unser Ablaufmodell des Auswertungsprozesses sieht daher wie folgt aus:

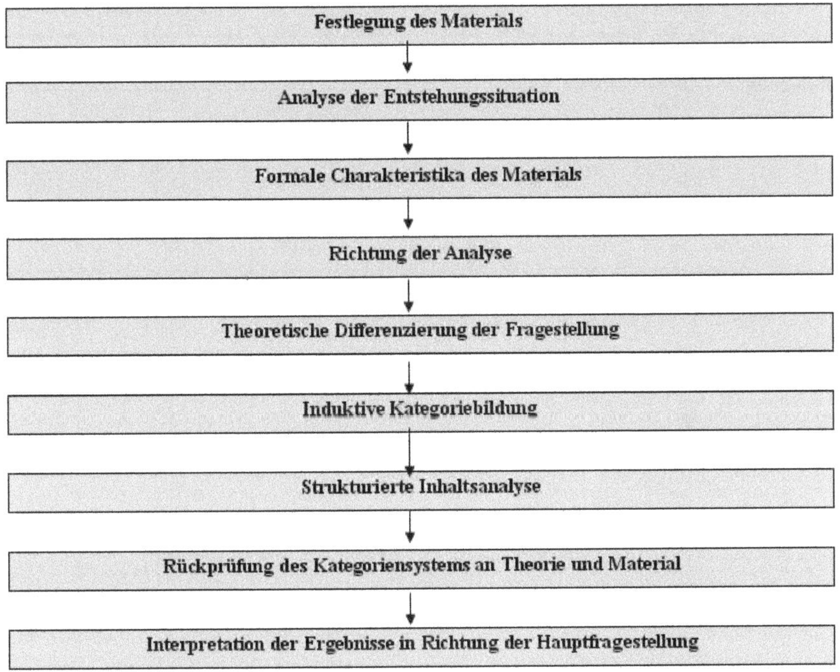

Abbildung 2- Ablaufmodell der Analyse (Eigene Darstellung)

4.2.4 Induktive Kategorienbildung

Um bei der Textanalyse das Material zu analysieren werden verschiedene Kategorien entwickelt, mit denen das Material nach bestimmten Informationen durchsucht wird. Die Kategorienentwicklung kann auf zwei grundlegende Arten geschehen: Einerseits durch die Methode der deduktiven Kategorienbildung, und zum anderen durch induktive Kategorienbildung. Bei der deduktiven Methode werden die Kategorien anhand theoretischer Vorüberlegungen gebildet, d.h. „*...aus Voruntersuchungen, aus dem bisherigen Forschungsstand, aus neu entwickelten Theorien oder Theoriekonzepten...*" (Mayring 2003 S. 74). Diese werden dann im Verlauf der Textanalyse an das Material herangetragen und es wird nach ihnen im Text gesucht. Für die Imageanalyse Jenas erscheint uns die induktive Kategorienbildung geeignet, weil sie „*...nach einer möglichst naturalistischen gegenstandsnahen Abbildung des Materials ohne Verzerrung durch Vorannahmen des Forschers...*" strebt (ebd. S.75). Hierbei werden die Kategorien direkt aus dem Material selber gewonnen, ohne dass man sich auf vorher bestimmte Kategoriekonzepte bezieht. Dieses Verfahren ähnelt sehr dem in der „Grounded Theory" verwendeten „offenen Kodieren". Ähnlich der Qualitativen Inhaltsanalyse, werden dort die Daten in Ereignisse zerlegt und ähnliche Ereignisse zu Konzepten bzw. Kategorien zusammengefasst.

In einem ersten Schritt der induktiven Kategoriebildung wird allerdings ein „Selektionskriterium" gewählt, „*...das bestimmt, welches Material Ausgangspunkt der Kategoriendefinition sein soll.*" (ebd. S.76; vgl. auch Abb.3). Dies ist notwendig, um zu vermeiden, dass vom Forschungsthema Abweichendes in das Zentrum der Analyse gerät. Die Fragestellung der Analyse ist für das Selektionskriterium ein maßgeblicher Faktor. Außerdem wird vorher festgelegt, „*...wie konkret oder abstrakt die Kategorien sein sollen*" (ebd.). Nach dem das Selektionskriterium nun genau bestimmt wurde, wird das Material sehr genau durchsucht. Sobald man nun das erste Mal im Material auf eine Textstelle trifft, die mit den Kriterien übereinstimmt, wird eine Kategorie beschrieben, die sich möglichst nahe an der Textformulierung orientiert. Wenn bei der weiteren Analyse wieder das Selektionskriterium erfüllt ist, wird nun geprüft, ob sich das entdeckte Ereignis in eine vorhandene Kategorie einordnen lässt oder ob eine neue Kategorie entsteht. Als zweiten großen Schritt der Kategoriebildung wird geprüft, „*...ob die Kategorien dem Ziel der Analyse nahe kommen, ob das Selektionskriterium und das Abstraktionsniveau vernünftig gewählt worden sind.*" (ebd.). Typischerweise findet dieser Schritt - den Mayring als „*Revision des Kategoriensystems*" (ebd.) bezeichnet - statt, sobald ein Grossteil des Materials gesichtet wurde und kaum noch neue bzw. keine weiteren Kategorien mehr auftauchen. Bei einer Reformulierung des Selektionskriteriums muss an dieser Stelle mit der Analyse des Materials neu begonnen werden. Als Ergebnis dieses Analyseschrittes haben wir vier Hauptkategorien entwickelt, die wir im Folgenden näher erläutern werden.

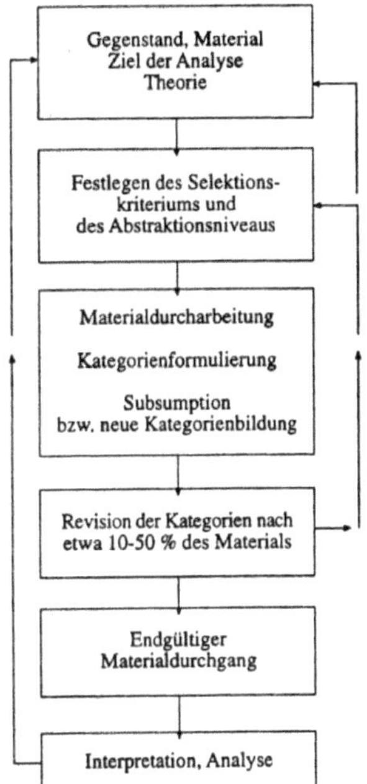

Abbildung 3- Prozessmodell induktiver Kategorienbildung (Mayring 2003, S. 75)

4.3 Kategoriendefinitionen zur Materialstrukturierung

4.3.1 „Soziales"

- Umfasst alle Textbestandteile, in denen das soziale Leben unterschiedlicher Gruppen in Jena angesprochen wird. Dazu gehören Aussagen darüber, welche verschiedenen Gruppen in Jena leben, wie das soziale Leben organisiert wird und welche Probleme in diesem Zusammenhang wahrgenommen werden. Besonderes Interesse kommt hierbei Familien und Studenten für das Jenaer Stadtbild zu.

4.3.2 „Universität"

- Unter dieser Kategorie werden Textstellen zusammengefasst, in denen Jenas Universitäten direkt oder indirekt angesprochen werden. Aussagen über die Studienbedingungen, das Fächerangebot, den Ruf sowie die Zusammenarbeit der Universitäten mit der Stadt und die Kooperation von Wirtschaft und Wissenschaft stehen hier im Zentrum der Analyse.

4.3.3 „Infrastruktur"

- Diese Strukturierungskategorie fasst alle Aussagen zusammen, die sich um die Versorgung, den Verkehr und die Freizeitgestaltung in Jena drehen. Im Mittelpunkt stehen Textpassagen, die sich mit den Kosten für Miete und Güter befassen sowie Beschreibungen der alltäglichen Verkehrssituation und den Möglichkeiten der Freizeitgestaltung durch das Freizeit- und Kulturangebot Jenas.

4.3.4 „Erscheinungsbild"

- Im Zentrum stehen hier Aussagen, die das gesamte Spektrum einbeziehen, in denen die äußere Erscheinung sowie die Umwelt und Lage Jenas näher thematisiert werden. Das bedeutet, dass die Textstellen von großer Relevanz sind, die sich um Architektur und die bauliche Situation Jenas drehen.

4.4 Drei Grundformen des Interpretierens

In diesem Abschnitt geht es um die eigentliche Dateninterpretation. Mayring differenziert die qualitative Datenanalyse in drei verschiedene Grundformen des Interpretierens, d.h. in Zusammenfassung, Explikation und Strukturierung.

Bei der **Zusammenfassung** ist das Ziel der Analyse, durch Reduktion und Abstraktion „ ...*ein überschaubares Korpus zu schaffen, das immer noch Abbild des Grundmaterials ist.*" (Mayring 1996, S.92). Ziel der **Explikation** ist es, durch Beschaffung von weiterem Material unverständliche Textpassagen zu klären bzw. diese ggf. als widersprüchliche Aussagen zu identifizieren. Bei der **Strukturierung** steht im Vordergrund der Analyse, „ ...*bestimmte Aspekte aus dem Material herauszufiltern, unter vorher festgelegten Ordnungskriterien einen Querschnitt durch das Material zu legen oder das Material aufgrund bestimmter Kriterien einzuschätzen.*" (ebd. S.92). Für die Auswertung des Interviewmaterials unserer Studie bietet sich die strukturierende Inhaltsanalyse an, die wir im Folgenden genauer erläutern werden.

Mayring untergliedert die strukturierende Interpretation anhand unterschiedlicher Zielsetzungen der Analyse weiter. So liegen die **formalen** Ziele der Strukturierung darin, die innere Struktur anhand bestimmter Gesichtspunkte herauszufiltern. Ein **typisierendes** Ziel ist es, einzelne Ausprägungen im Material genauer zu beschreiben, während ein **skalierendes** Ziel vor allem darauf beruht, einzelne Dimensionen anhand von Skalen zu definieren.

Die **inhaltliche** Strukturierung erscheint uns am besten geeignet, weil hierbei das Material anhand bestimmter Themenbereiche extrahiert und zusammengefasst wird. Im Rahmen unserer Untersuchung bedeutet das, dass wir das Datenmaterial anhand unserer theoretischen Fragestellungen (Imagekriterien) strukturieren, die Aussagen der drei Personen vergleichen und die Ergebnisse zusammenfassen (vgl. Anhang, S. 41ff, 51ff).

Die eigentliche Interpretation vollzieht sich nun in zwei aufeinander folgende Durchgänge: einem Probedurchgang und einem Hauptmaterialdurchlauf. Während des Probedurchganges werden diejenigen Textstellen im Material gekennzeichnet, in denen eine Kategorie angesprochen wird. Fragliche Textstellen werden dabei von denen in der Kategorienbildung gefundenen Konzepten bestimmt. In einem zweiten Schritt wird das Material - je nach Ziel der Strukturierung - bearbeitet und aus dem Text extrahiert, d.h. in unserem Fall werden die Paraphrasen zunächst pro Unterkategorie und dann pro Hauptkategorie zusammengefasst. Das soll gewährleisten, dass spezifische imagerelevante Inhalte erfasst und interpretiert werden können. In der Regel werden nach dem Probedurchgang das Kategoriensystem und seine Definitionen modifiziert, um eine Materialanpassung zu erreichen (ebd.).

Im Hauptdurchlauf werden die schon beschriebenen Schritte (Bezeichnung, Bearbeitung und Extraktion) dann erneut am gesamten Material wiederholt. Das Ergebnis der inhaltlichen Strukturierung ist am Ende eine Art Matrix, durch die alle Paraphrasen, in denen eine Kategorie angesprochen wurde, zusammengefasst dargestellt werden[13]. Dies erlaubt dann eine Dateninterpretation in Bezug auf die forschungsleitenden Fragen unserer Untersuchung.

5 Ergebnisse der inhaltlichen Strukturierung

5.1 Materialinterpretation in Richtung der Forschungsfragen

In Bezug auf unsere Forschungsfragen (vgl. Kap. 4.2.2) sind wir auf ein sehr vielfältiges Bild von Jena, in den Vorstellungen unserer Gesprächspartner, gestoßen. Diese Vorstellungen beruhen grundsätzlich auf den unterschiedlichen Erfahrungen und Einstellungen. So konnte uns eine Person aus eigenen Erfahrungen deutlich machen, was die Attraktivität Jenas als Hoch-

---

[13] Die Datenmatrix enthält ausführliche Interviewbestandteile, die in Zitatform als Ankerbeispiele die Strukturierungsdimensionen unterzeichnen. Aufgrund der angestrebten Offenheit und Authentizität wurden die Äußerungen nicht verändert bzw. gekürzt. Aus Platzgründen befinden sich die ausführlichen Schritte und Ankerbeispiele dieses Analysemodus im Anhang (vgl. Anhang S. 41ff).

schulstandort ausmacht. Hingegen konnten andere Personen, aus Mangel an eigenen Informationen, entweder keine Aussagen zur Attraktivität des Studienstandortes treffen bzw. stellten ganz andere Faktoren in den Mittelpunkt des Gesprächs (vgl. Anhang S.52).

Weitere Unterschiede machten sich ebenfalls bei der Bewertung des Erscheinungsbildes von Jena deutlich. So wurde die natürliche Umgebung von zwei Personen unter ästhetischen Gesichtspunkten positiv betrachtet, währenddessen die dritte Person diesen Punkt hauptsächlich unter funktionalen Perspektiven negativ bewertete (ebd. S.55). Das die persönliche Situation auch einen Einfluss bei der Bewertung der Stadt spielt, wurde besonders deutlich beim Imagefaktor Familienfreundlichkeit. Hierbei empfanden zwei Personen, vor dem Hintergrund ihrer persönlichen Situation, Jena als familienfreundliche Stadt. Im Kontrast dazu empfand die dritte Person, aufgrund ihrer finanziellen Situation, durch hohe Kosten als familienunfreundlich (ebd. S. 41ff, 51ff). Ähnlich dessen zeichnete sich das Bild der Verkehrssituation in Jena ab. Ein Befragter stellte durch Erwartungen an die Zukunft ein positives Bild dar, während die anderen Interviewpartner große Versäumnisse in der Vergangenheit für die schlechte Verkehrssituation verantwortlich machten (ebd. S.54). Gemeinsamkeit herrschte jedoch bei der Einschätzung der Zusammenarbeit von Wissenschaft, Wirtschaft und der Stadt. Ein, wenn auch mit Einschränkungen, positives Bild zeichnete sich dadurch ab, dass alle Befragten ungefähr über die gleichen Erfahrungen und Informationen verfügten. Dabei wird Jena als wichtiger wirtschaftlicher Standort für die Region empfunden, in dem jedoch wichtige Stärken zu wenig bzw. gar nicht hervorgehoben werden (ebd. S.52).

5.2 Leistungen und Grenzen der Analysemethode

Als wichtigster Vorteil der Qualitativen Inhaltsanalyse gilt das systematische Vorgehen während des Forschungsprozesses, ohne dabei in eine Quantifizierung abzuleiten. Mayring unterstreicht die Stärken der Analyse, weil *„...sie streng methodisch kontrolliert das Material schrittweise analysiert...“* (Mayring 1996, S.91). Diese Systematik erlaubt es, dass jeder den Analyseprozess anhand der Regeln nachvollziehen und verstehen kann. Jedoch ist die Qualitative Inhaltsanalyse nicht *„grenzenlos einsetzbar“* (Mayring 2003, S.117), denn da es sich um eine spezifische Auswertungstechnik handelt, muss sie mit Verfahren der Datenerhebung und Aufbereitung[14] kombiniert werden.

Im Zuge dessen, muss sie in einen Untersuchungsplan eingeordnet werden, in dem ihre genauen Grenzen abgesteckt werden. Eine weitere Einschränkung obliegt der Qualitativen In-

---

[14] Dies geschah in unserer Arbeit durch die gezielte Auswahl des Problemzentrierten Interviews.

haltsanalyse dann, wenn ihr systematisches regelgeleitetes Vorgehen dem Thema der Forschung bzw. Fragestellung nicht angemessen ist. In diesem Fall müssen verschiedene andere Techniken und Methoden gewählt werden, um dem Gegenstand gerecht zu werden, „...*denn letztlich muss die Gegenstandsangemessenheit wichtiger genommen werden als die Systematik.*" (ebd.). So soll darauf geachtet werden, „...*dass die Inhaltsanalyse nicht zu starr und unflexibel wird. Sie muss auf den konkreten Forschungsgegenstand ausgerichtet sein.*" (ebd.). Ein weiteres praktisches Problem – was qualitativen Analysemethoden im Allgemeinen betrifft – ist das Problem der Reliabilität. Da die Qualitative Inhaltsanalyse von den persönlichen Fertigkeiten und der Sensitivität des Forschers abhängt, kann nicht garantiert werden, dass zwei Forscher mit dem Ausgangsmaterial immer zu den gleichen Ergebnissen kommen (vgl. Glaser/Strauss 2005, S.109).

Dieses Problem wurde in unserer Untersuchung durch eine möglichst exakte Formulierung der einzelnen Analyseschritte und die Definition der Kategorien eingeschränkt.

6 Schlussfolgerung und Zusammenfassung

6.1 Erkenntnisse und Fazit der Forschungsarbeit

Die engen Wechselwirkungen zwischen Universität und Stadt werden bei Imageuntersuchungen besonders deutlich. Organisationen wie Universitäten sind an Imagefragen interessiert, weil sie in großen Teilen vom Zuspruch der Studenten leben. Unsere empirischen Untersuchungen ergaben, dass neben studienbezogenen Motiven auch ortsbezogene Aspekte einen Einfluss auf die Studienstandortwahl haben. Folglich ist die Attraktivität einer Universität auch abhängig vom Image der Stadt bzw. der Region. Aber auch die hohe Anzahl Studierender macht die Bedeutung der FSU für die Stadt sichtbar. So bilden beinahe 25000 Studenten eine enorme Bevölkerungsgruppe, die sich einerseits auf das gesellschaftlich-kulturelle Leben, aber auch auf die wirtschaftliche Situation der Stadt Jena auswirken kann. Es bestehen also wechselseitige Synergieeffekte, eine Trennung zwischen dem Image der Universität und dem der Stadt Jena ist aus diesen Gründen nicht sinnvoll. Das Image von Jena setzt sich somit aus vielen Einzelkomponenten zusammen, die von den befragten Personen sowohl mit positiven wie auch negativen Assoziationen verbunden sein können. Erkenntnisse unserer Studie ergaben, dass das Image der Universitätsstadt aus den subjektiven Vorstellungsbildern einzelner Personen(-gruppen) besteht. Dieses Bild, das sich in den Vorstellungen einer Person entwickelt, ist von einer Vielzahl von Faktoren abhängig. Zum einen prägt die subjektive Wahrnehmung von studien- und ortsbezogenen Informationen, d.h. die individuelle Verarbeitung und Einschätzung der Informationen, und letztendlich die Qualität der Informationen mehr oder weniger das Vorstellungsbild der Personen. Hierbei müssen die wahrgenommenen Informationen und das formierte Bild jedoch keineswegs mit der Wirklichkeit übereinstimmen. Also auch Vorurteile, Gerüchte und die Aussagen anderer können ohne genauere Überprüfung in das eigene Vorstellungsbild integriert werden. Dies zeigte sich vor allem im dynamischen Gesprächsverlauf unseres Gruppeninterviews. Phasenweise existierten völlig konträre Vorstellungen über Gesprächsinhalte, mit denen beide Gesprächspartner persönliche Erfahrungen machten. An anderen Stellen wirkten sich einige Äußerungen der gesprächsaktiveren Personen anfangs teilweise schwach, später jedoch deutlicher auf die Vorstellungen der passiveren Personen aus. So kam es im Verlauf auch zu widersprüchlichen Stellen im Material. Ein anfangs positiv beschriebenes Attribut transformierte sich unter dem Einfluss der Schilderungen und Meinungen der anderen Person später zu einem eher negativ bewerteten Attribut. Das Image der einen Person beeinflusste also schon in einem relativ kurzen Zeitrahmen das Image der anderen Person, ohne dass die geschilderten Informationen irgendeiner Prüfung unterzogen wurden.

Neben bloßen Informationen beeinflussen auch persönliche Einstellungen, Erfahrungen, Meinungen und Erwartungen das Vorstellungsbild einer Person. Angesichts dieser starken Prägung durch individuelle Faktoren ließen sich Unterschiede in den Images der Hauptpersonengruppen vermuten, denn je nach Zielgruppe und Interessenlage können Einzelimages einer Stadt freilich recht unterschiedliche Ausformungen haben. Ein Studierender hat entsprechend andere Erwartungen an eine Universitätsstadt als ein Lehrer. Ein wesentliches Ergebnis unserer Studie ist, dass sich selbst die erwarteten gruppenspezifischen Ähnlichkeiten in den Vorstellungen unserer speziellen Zielgruppe nur sehr begrenzt bestätigten. Es stellte sich heraus, dass innerhalb einer relativ homogenen Personengruppe teilweise stark divergierende Vorstellungen existierten und dass nur in einigen Punkten Konsens herrschte. Wobei unterschiedliche Vorstellungen auf unterschiedliche Wahrnehmung zurückzuführen sind. Unsere Datenanalyse zeigte auch, dass die Wahrnehmung und Bewertung verschiedener studien- und ortsbezogener Merkmale Jenas sehr selektiv erfolgte. Für unsere Imageuntersuchung ist die Erkenntnis einer **Perspektivität** von Bedeutung, weil wir entdeckten, dass es ein eindeutiges Image von Jena innerhalb unserer Befragungsgruppe nicht gibt. Verschiedene Personen entwickeln, vor dem Hintergrund persönlicher Erfahrungen und unbewusster Einstellungen, unterschiedliche Images von einer Stadt. Eine weitere Erkenntnis aus unseren Untersuchungen ist die **Prozesshaftigkeit** von Images. Die Rekonstruktion von Vorstellungsbildern ist immer nur eine Momenterfassung zu einem bestimmten Zeitpunkt. Die (Universitäts-) Stadt Jena bildet für verschiedene Akteure den Handlungs- und Lebensraum. Sie ist somit Teil der sozialen Wirklichkeit und bildet den strukturellen Rahmen für die Interaktionen der Akteure. Dieser Rahmen ist jedoch nicht als etwas Statisches zu betrachten. Vielmehr führen permanente städtische Wandlungsprozesse auch zu veränderten Strukturbedingungen, die sich direkt bzw. indirekt auf die Wahrnehmungen und Interaktionen der Personen auswirken können. Als Konsequenzen eines **Strukturwandels** unterliegen auch Images einem Prozess ständiger Veränderungen und Anpassungen. Zusammenfassend ergeben sich aus den Ergebnissen unserer Studie für die Imageuntersuchung Jenas als Hochschulstandort zwei wesentliche Erkenntnisse:

1. Ein Image ist nicht etwas ausschließlich Objektives, sondern bildet sich auf der Grundlage subjektiver Wahrnehmungsprozesse, die selektiv sind und permanenten Veränderungen unterliegen.

2. Die vermuteten gruppenspezifischen Parallelen in den Vorstellungen unserer Zielgruppe ließen sich, aus diesen Gründen, nur sehr beschränkt bestätigen und somit ist eine Rekonstruktion von „dem Image" Jenas aus Sicht von Lehrern auch nur beschränkt möglich.

6.2 Literaturverzeichnis

Diercke (2001): Wörterbuch Allgemeine Geographie. Deutscher Taschenbuchverlag München.

Glaser, B. und Strauss, A. (2005): Grounded Theory. Strategien qualitativer Forschung. Hans Huber Verlag, Bern.

Helfferich, C. (2005): Die Qualität qualitativer Daten. Manual für die Durchführung qualitativer Interviews. VS Verlag, Wiesbaden

Hildenbrand, B. (1998): Vorwort zu Grundlagen qualitativer Sozialwissenschaft in: Strauss, A. (1998): Grundlagen qualitativer Sozialwissenschaft. Datenanalyse und Theoriebildung in der empirischen soziologischen Forschung.

Mayring, P. (1996): Einführung in die qualitative Sozialforschung. Eine Anleitung zu qualitativen Denken. Psychologie-Verlagsunion, Weinheim

Mayring, P. (2003): Qualitative Inhaltsanalyse. Grundlagen und Techniken. Beltz Verlag, Weinheim

Reuber, P. und C. Pfaffenbach (2005): Methoden der empirischen Humangeographie. Braunschweig.

Rühl, M. (1993): Images- Ein symbolischer Mechanismus der öffentlichen Kommunikation zur Vereinfachung unbeständiger Public Relations. in: Ambrecht, Avenarius, Zabel (Hrsg.) (1993): Image und PR. Kann Image Gegenstand einer Public Relations-Wisschenschaft sein? Westdeutscher Verlag, Opladen.

Scheiner, J. (2000): Eine Stadt – zwei Alltagswelten? Ein Beitrag zur Aktionsraumforschung und Wahrnehmungsgeographie im vereinten Berlin. Abhandlungen zur Anthropogeographie 62. Dietrich Reimer Verlag, Berlin.

Stegmann, B. A. (1997): Großstadt im Image. Eine Wahrnehmungsgeographische Studie zu raumbezogenen Images und zum Imagemarketing in Printmedien am Beispiel Kölns und seiner Stadtviertel. Kölner Geographische Arbeiten 68, Köln.

Trommsdorff, V. (1975): Die Messung von Produktimages für das Marketing. Grundlagen und Operationalisierung. Heymanns Verlag, Köln.

Tzschaschel, S. (1986): Geographische Forschung auf der Individualebene. Darstellung und Kritik der Mikrogeographie. Münchener Geographische Hefte Nr. 53. Michael Lassleben Verlag, Regensburg.

Weichhart, P., Weiske, C. und B. Werlen (2006): Place Identity und Images. Das Beispiel Eisenhüttenstadt. Abhandlungen zur Geographie und Regionalforschung 9. Wien.

Werlen, B. (2000): Sozialgeographie. Verlag Haupt. Bern

Witzel, A. (2000, Januar): Das problemzentrierte Interview [26 Absätze]. *Forum Qualitative Sozialforschung [On-line Journal]*, (1). Verfügbar über: http://www.qualitative-research.net/fqs-texte/1-00/1-00witzel-d.htm [Oktober, 2006].